DEUX MOTS

SUR L'AMÉLIORATION

DE LA

RACE CHEVALINE

DANS LE DÉPARTEMENT DE L'AISNE,

Par le Comte RAYMOND DE TURENNE.

SAINT-QUENTIN,

Typographie et Lithographie de Jules MOUREAU, Place de l'Hôtel-de-Ville, 7.

1862.

DEUX MOTS

SUR L'AMÉLIORATION

DE LA

RACE CHEVALINE

DANS LE DÉPARTEMENT DE L'AISNE,

Par le Comte RAYMOND DE TURENNE.

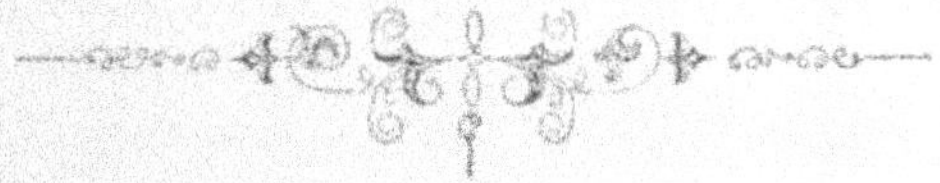

SAINT-QUENTIN,

Typographie et Lithographie de JULES MOUREAU, Place de l'Hôtel-de-Ville, 7.

1862.

DEUX MOTS

sur l'amélioration

DE LA RACE CHEVALINE

DANS LE DÉPARTEMENT DE L'AISNE.

Les quelques considérations qui suivent se rattachent à une question que l'on a traitée sous toutes les formes, qui a inspiré mille systèmes, et occupé le pays et ses comices depuis près d'un demi-siècle. Cependant elle n'est pas encore élucidée. L'on ne saurait douter qu'il se soit fait un grand pas depuis quelques années, mais s'il en est ainsi, Dieu sait à quel prix. Les diverses phases par lesquelles la question chevaline s'est frayée un passage, ont été éclairées par une polémique contradictoire que souvent ceux qui n'avaient nul souci de l'intérêt public ont poussé jusqu'aux dernières limites de la passion. Les hommes les plus compétents se sont laissés entrainer par le courant, et les forces vitales du pays se sont détruites dans une mutuelle agression.

L'on a dépensé des centaines de millions à innover pour détruire, et à refaire pour détruire encore. Personne n'apportait dans la discussion que des intentions hostiles. Renverser le système de ses adversaires était presque toujours le but. On sabrait dans le vif et cependant la question n'avançait pas, je dirai plus, elle s'embarrassait davantage.

Aujourd'hui les armes sont déposées, on ne lutte plus que du généreux désir de faire mieux que les autres, si l'on peut. Il y a donc tout lieu d'espérer, qu'au milieu du calme dont nous jouissons, la voix de ceux qui n'ont en vue que l'intérêt public, sera entendue des hommes auxquels leurs lumières et leur expérience donne le droit de prononcer. Ces quelques pages trouveront leur opportunité à la veille d'une grande réunion agricole de cette contrée.

Il est temps de ne plus errer à la remorque des célébrités acquises il y a cent cinquante ou deux cents ans, par telle ou telle race, telle ou telle province. Notre manière d'envisager la question est de tirer le parti le plus avantageux des éléments que l'on a, quand on en possède, et si ces derniers, comme on dit vulgairement, ne valent pas le temps et la façon, il faut s'en servir jusqu'à extinction, mais n'en tirer aucun parti pour la reproduction; c'est plus simple d'abord, et plus économique ensuite. Il vaut cent fois mieux acheter du neuf que de vouloir refaire du neuf avec du vieux. Voici notre programme, nous allons essayer de le développer.

L'utilité des animaux répond évidemment à la plus grande somme de services qu'ils peuvent nous rendre, or, celui-là sera le plus précieux, qui pourra satisfaire à un ordre de besoins multiples, soit par sa puissance musculaire pour le gros trait ou les travaux de la culture, surtout dans les contrées où la nature du sol l'exige au plus haut point, soit comme moteur rapide et vigoureux pour les diverses exigences de l'attelage et de la selle.

Autrefois, l'on était sérieusement convaincu que chaque service réclamait une conformation particulière. Qu'à l'animal laborieusement dressé pour le *manége*, on ne saurait imposer le collier ou tout autre travail. Le cheval de selle formait lui-même autant de catégories qu'on pouvait lui demander de natures de services. Le cheval de voiture n'était jamais monté, celui dit de trait, fort rare alors, était voué à la charrette par condition. En un mot, c'était la spécialisation des espèces. (*)

Cette opinion était fondée relativement, en ce qu'aucun animal d'alors ne possédait assez de qualités pour rendre des services de différentes natures. Elle a dû perdre tout crédit le jour où les mœurs se sont déplacées, où l'état social lui-même s'est modifié, où enfin la doctrine hippique s'est répandue et l'expérience enrichie de faits nouveaux. La perturbation apportée dans la question chevaline par des événements d'un ordre aussi important, a eu pour résultat immédiat, l'appropriation d'un type nouveau à des besoins également nouveaux.

L'amélioration des routes qui existaient déjà, l'établissement d'un grand nombre de nouvelles. Les voies ferrées venant partout battre en brèche les postes, les messageries et le roulage, ont eu pour effet de ralentir l'élève

(*) Disons en passant que comme les premiers devaient, pour satisfaire aux idées d'alors, présenter des conformations aussi différentes qu'il existait d'aptitudes, on ne connaissait aucun type absolu pour un même service. C'est-à-dire, que l'on n'avait pas adopté de proportions exactes pour le cheval de selle, pas plus que pour celui de carrosse. Tout était de convention, et tel animal qui aurait dans certaines provinces été jugé capable de faire un étalon n'aurait eu aucune valeur un peu plus loin. Si l'on se donnait la peine d'ouvrir un livre traitant de cette matière dans le cours du siècle dernier, l'on y verrait que tout ce qui est aujourd'hui considéré en extérieur comme une défectuosité représentait le type parfait de l'époque.

du cheval de trait léger, de faire disparaître totalement le type défectueux de l'ancien carrossier, pour lui substituer un moteur plus léger, plus rapide et d'une très-grande énergie (*). Ces phases diverses ont également tué l'ancien type du cheval de selle. Il y a lieu de remarquer que la Normandie est entrée la première dans la voie du progrès, que dans ces divers centres de production, la population s'est accrue numériquement dans une très-grande proportion, que ses éléments de fertilité et son aptitude naturelle à l'élève du cheval sont venus l'aider encore, bref, que sa race actuelle répond si parfaitement à nos besoins, qu'il y a lieu d'en fixer le type. Le succès a donc couronné, en Normandie, les efforts et les sacrifices. Le département du Calvados, en particulier, a su créer un groupe si rapproché pour la forme, la figure et les qualités, du cheval anglais, que je crois très-opportun d'abandonner pour quelques années la race à une sélection judicieuse. Ce mode d'action ne permettrait pas de l'affiner davantage. Plusieurs autres provinces sont également en voie de marcher sur les traces de la Normandie.

Moins favorisées par les circonstances, elles

(*) Le déplacement des fortunes, la généralisation des ressources et les progrès de la carrosserie ont aussi contribué au développement de la production du carrossier.

gravitent courageusement vers le but de leurs efforts. Elles font déjà bien, et bientôt feront beaucoup mieux encore. Le Maine et l'Anjou sont de ce nombre.

Il n'y a que vingt années qu'il ne s'y trouvait pas une seule poulinière. La race indigène y était chétive, petite, mal agencée dans toutes ses parties, tout ce groupe était avec raison regardé comme de nulle valeur.

Aujourd'hui, ce pays élève de beaux et bons carrossiers, que le commerce et la consommation commencent à rechercher (*). Jusqu'ici nous n'avons constaté que des progrès, mais jetons un coup-d'œil rapide sur les déchéances.

Les races certainement restées le plus en arrière, sont celles qui étaient naguère les plus estimées.

Les espèces Limousines et Navarrines, si recherchées jusque vers 1825, n'ont jamais pu être amenées au degré de taille et d'étoffe exigé par nos besoins. Elles ont végété au-dessous du niveau d'utilité commune, sans atteindre les qualités demandées au cheval actuel. Plusieurs causes ont ralenti leur amélioration.

(*) Il eût été facile de s'en convaincre par l'examen de leurs produits; à l'exposition de Paris plusieurs ne le cédaient en aucun point aux Anglo-Normands.

D'abord le système suivi et conseillé par l'administration des haras, n'a été compris de personne. On a tantôt fait usage du sang anglais, tantôt du sang arabe pour revenir encore au sang anglais. Il est résulté de cette instabilité une période d'anéantissement complète des anciennes qualités de l'espèce, qui en revanche n'en a acquis aucune nouvelle. Le peu de soins et une nourriture insuffisante ont fait le reste, et ce n'est qu'après les plus cruelles déceptions que les provinces du Midi se sont décidées à entrer dans le mouvement général et à mieux nourrir. Partant la taille et l'étoffe se sont bientôt montrées, et elles ont repris un peu du terrain qu'elles avaient perdu. Actuellement les choses sont encore améliorées et la Navarre, le Limousin, l'Auvergne, et toute la population des Pyrénées, peuvent être considérées comme sorties de l'ornière (*). On s'est si longtemps plaint de l'avilissement de nos anciennes races françaises, on a tant surenchéri sur les qualités des défunts, pour avoir le droit de crier plus fort sur les survivants, qu'on éprouve une certaine

(*) Les progrès de la première de ces régions ont précédé ceux des premières. La plaine de Tarbes est la Normandie du midi de la France. Sous l'influence de croisements qui leur étaient appropriés, ces chevaux se sont élevés à la taille et à l'étoffe du carrossier léger ; ils sont recherchés dans le midi pour cet usage, tandis qu'en Limousin cette aptitude est encore une exception.

consolation à constater de notables améliorations à l'ouest et dans tout le midi de la France. Qu'on me permette de laisser tomber ici cette réflexion : quels qu'ils soient, quels qu'ils aient été, nos anciens types, en les supposant même dans toute leur splendeur, ne pourraient plus servir à rien dans nos mœurs actuelles. Les anciennes races du Midi, dépourvues de taille, d'étoffe et d'ampleur, ne pouvaient fournir aucun sujet carrossier ou même carrossier léger. En conséquence elles représenteraient, en prenant les choses au mieux, une population de selle décuple des besoins de la remonte. (*Pour la cavalerie légère.*)

Or, comme personne ne monte plus à cheval aujourd'hui, ou que, du moins, à part quelques très-rares exceptions, on monte des chevaux de taille ou à deux fins, l'excédant des besoins de la remonte qui n'aurait pu être employé, serait naturellement retombé sur les bras des éleveurs. Ceux-ci, dans un maigre pays, où l'on cultive avec des bœufs, n'auraient pas pu l'utiliser. On entrevoit déjà les conséquences de cet état de choses et l'on peut mesurer la profondeur de l'abîme que l'on creuse sous ses pieds, en ne faisant pas tous les efforts et tous les sacrifices humainement possibles, pour se mettre au niveau des besoins de son temps.

De l'Équitation actuelle.

Il est d'autant plus sage aujourd'hui de produire des chevaux grands et vigoureusement conformés, que la ressource que l'on trouvait encore autrefois au manége, ou dans le cheval de selle commun, dit de voyage, n'existe plus du tout de nos jours. L'équitation académique est tombée dans le plus grand abandon.

On monte à cheval droit devant soi (comme cela se dit), en chasse ou en promenade, les airs et effets d'ensemble sont devenus aussi gothiques que le souvenir des animaux qui servaient à les exécuter. Si par hasard quelques cavaliers, et je suis loin de les blâmer, recherchent chez leurs montures un dressage plus avancé, ils emploient pour obtenir ce résultat la méthode Baucher, qui a pour base fondamentale d'opérer sur tous les modèles de chevaux. Ce fait vient donc encore appuyer notre assertion. Aujourd'hui, même dans les manéges de nos grandes villes qui ne se sont maintenus qu'en renversant l'économie de leur enseignement, l'on met au plus vite le jeune élève à même de monter à l'extérieur. Et sitôt qu'il se tient à peu près, il n'est plus exercé qu'au travail de carrière. Il n'entre pas dans mon cadre de juger ici ce nouveau système. Je crois que, pour monter à cheval, on ne saurait jamais recevoir trop de leçons, mais je constate seulement un fait, c'est que, même dans les manéges, on ne monte plus comme de mon temps, qui n'est pas encore bien éloigné, en reprise de haute-école. Partant, là comme ailleurs, on recherche le cheval dont les détentes sont disposées pour une progression très-accélérée. Et ceux qui, à l'imitation des anciens types, ne présentent, par leur lignes courbes, leurs jarrets coudés, leurs genoux hauts, leurs paturons longs, etc., etc., qu'une détente favorable aux mouvements ascensionnels, doivent être considérés comme de nulle aptitude, de nulle défaite puisque le dernier Pallium qui pût encore les protéger s'est fermé pour eux.

Du Sang.

On désigne ainsi dans notre langage, l'origine noble du cheval. Cette locution n'est pas de pure convention, mais bien l'expression d'un état de vitalité primordiale, dans les animaux qui en sont doués. Tous ceux qui me liront le savent depuis longtemps, je n'en doute pas, mais cependant, qu'ils me pardonnent de revenir sur ses principales attributions. Le sang est la propriété exclusive du cheval appartenant aux diverses familles orientales, puis enfin de la race anglaise pure, qui est venue le puiser à cette source. Seuls, ces animaux possèdent le sang, seuls ils peuvent le transmettre. Les premiers, comme représentant le type primitif, type qui s'est maintenu à son berceau, pur de toute altération, et dont les performances et les qualités ne se sont jamais modifiées. Les seconds, comme se l'étant assimilé et l'ayant conservé sans altération pendant une longue suite de générations.

Quelques influences climatériques ont légèrement modifié la forme, mais tous les principes vitaux et constitutifs du sang, ainsi que la puissance de se répéter eux-mêmes, par la voie de la génération, se sont maintenus dans toute leur intégrité. La cause de la stabilité du sang chez les populations chevalines orientales, se trouve relativement au moins dans les soins judicieux que les Arabes ont toujours apportés dans l'acte de la reproduction, et qu'ils ont pratiqué de temps immémorial par le principe d'une sélection éclairée (*). Hors du sang, il n'est aucune amélioration possible. Ce résultat est aujourd'hui acquis à la science; aucun ani-

(*) La sélection est le mode de reproduction d'une race en dedans d'elle-même, c'est-à-dire par ses propres éléments, sans recours aux espèces étrangères. Les Arabes, en suivant ce système, ont toujours su porter leur choix sur les animaux qui se recommandaient le plus par leur forme et par leurs qualités. Les épreuves que l'on impose au cheval atteignent les limites de l'impossible.

mal qui en est dépourvu ne saurait communiquer les qualités et les aptitudes qu'il ne possède pas lui-même. En effet, nous allons exposer que les diverses fonctions de ces animaux, au double point de vue moral et physique, présentent des conditions organiques qui leur sont spéciales. Ainsi, par exemple, le système de l'innervation acquiert chez eux un développement très-supérieur à celui remarqué chez les espèces communes. Or, comme c'est par son action que s'opèrent le mouvement et la volonté, et que les phénomènes sensoriaux, affectifs, instinctifs et intellectuels s'y rattachent intimement, nous en tirerons cette facile déduction, qu'il existe chez le cheval de sang une vitalité d'un ordre supérieur, à laquelle les espèces communes qui en sont privées, peuvent être associées par croisement. Outre cette possession, déjà si importante, d'agent incitateur du mouvement et du système musculaire, le système nerveux provoque les divers actes physiologiques par lesquels s'accomplissent toutes les autres fonctions de la vie animale. Son influence s'étend aussi à l'appareil respiratoire, circulatoire et digestif. Ces attributions multipliées font assez comprendre toute son importance, puisqu'à tous les instants de la vie, son action s'exerce sur l'organisation des animaux, et que sa plus grande perfection amène pour résultat une force de résistance plus grande, s'appliquant à des aptitudes variées. Ces quelques mots, dits en passant, n'envisageons notre sujet qu'au point de vue de l'appareil musculaire, et comparons le cheval pris comme moteur, à une machine qui serait destinée à rendre les mêmes services. La valeur d'un moteur dépend de la force du générateur, d'abord, et de la manière dont se transmet la force d'action du moteur aux pièces accessoires. Celles-ci transforment en la décomposant la force motrice, pour l'appliquer au but proposé. Eh bien ! nous voyons que dans notre machine animale, qui se compose du système nerveux, comme moteur, les leviers sont les os, les charnières et poulies de renvoi sont les articulations, les ressorts sont les muscles.

Eh bien, chez le cheval de sang, chacun de ces divers agents, étant lui-même composé d'une matière plus parfaite, est plus propre à l'action qu'on en attend que chez les animaux communs. Le métal est d'un grain plus fin, plus nerveux et plus élastique. Nous soutenons cette proposition, et nous avançons pour preuve matérielle de notre assertion, la nature contractible de notre moteur.

Nous disons, en outre, que cette force prend son point d'appui sur des ressorts d'un tissu serré, énergique, simple, souple et isolé de tout contact lymphatique qui pourrait en paralyser l'effet. Que les leviers sur lesquels ils s'appuient eux-mêmes sont d'une pâte dure, sèche, très-polie aux extrémités qui doivent former charnière, afin que tout frottement soit impossible. La nature a pourvu à ce que ces rouages soient entretenus de la matière grasse justement nécessaire pour la liberté de leur jeu. Dans les organisations communes, au contraire, l'abondance de cette matière et la nature spongieuse des os, a souvent pour résultat de former cambouis, les points de contact de ces leviers sont pourvus de surfaces appropriées à un point d'appui plus grand, afin que des muscles plats et secs puissent, par une large adhérence avec les os, fournir une très-grande action contractible. Enfin, le tissu cellulaire qui les recouvre, est d'une extrême souplesse et ne saurait comprimer leur jeu de dilatation (*).

Les fonctions de la respiration s'opèrent

(*) Les muscles représentent deux forces opératrices. L'un se contractant, son antagoniste règle et cède au mouvement. Dans tous les actes de l'animal la régularité du jeu des extenseurs et des fléchisseurs est si admirable que si rapproché que puisse être le temps d'action de l'un du jeu de l'autre, ils alternent dans la progression sans jamais se gêner. Cette observation démontre surabondamment la perfection du système musculaire chez les chevaux de sang, car lancés à toute vitesse, l'action des muscles et des os devient si rapide qu'elle ne peut être comprise que par la pensée, tandis que les animaux communs n'ont jamais que des mouvements lents et de peu d'étendue. Le squelette des chevaux de race présente aussi dans la disposition de ses leviers, une aptitude particulière pour embrasser beaucoup de terrain.

aussi à l'aide d'une machine perfectionnée. Celles de la circulation qui lui sont intimement liées, participent à cet avantage. Il appert de tout ceci, que, le cheval de sang partout et toujours représente un principe de concentration héréditaire, qui peut-être considéré comme un résultat de sa trempe parfaite et exceptionnelle. Que la vitalité, dont les fonctions sont si généralement fournies dans son organisation, peut être versée dans des espèces plus communes, et corriger chez elles le vice de leur origine et l'absence des qualités précitées. Qu'en un mot comme améliorateur, il peut-être considéré comme le seul possédant les propriétés de transmission héréditaires, que lui assurent son origine. Que pris à un point de vue absolu, on ne peut espérer rien de radical ni de solide sans sa participation. Mais que relativement, son emploi à l'égard des races communes, et le degré de sang qu'il convient de leur infuser, est une opération fort délicate, et qui réclame le concours des hommes les plus instruits et surtout les plus expérimentés.

Jetons un coup-d'œil rapide sur les animaux de sang arabe, anglais et anglo-arabe. Nous verrons ensuite l'usage que l'on en peut faire en général comme types de reproduction. Puis enfin la source de richesse hippique dont il serait facile de doter ce pays, en suivant un système ayant fort bien réussi dans des régions voisines.

Le Cheval de pur sang Arabe.

Ces animaux sont généralement peu connus en Europe. Le cheval arabe des tribus qui le produisent dans toute sa pureté, a été très-rarement importé. Les difficultés que l'on rencontre pour l'acquérir et le transporter, puis enfin la lenteur qu'il met à s'acclimater, sont les principales causes qui se sont opposées à son importation sur une vaste échelle.

Le cheval arabe de race pure porte le nom de **Kohél**, mot qui en exprime les qualités. Ceux qui le suivent le plus dans la voie de la perfection, sont appelés Kocklani, diminutif du mot précédent.

Les peuples de l'Arabie proprement dite, de la Perse, de la mer Rouge et du golfe Persique, et enfin les tribus de la Syrie méridionale, sont les seules chez lesquels on rencontre ces animaux dans toute leur valeur et leur pureté originelle. Leur taille varie de 1^{m} 45 à 1^{m} 55, en moyenne. Certaines familles de cette race, élevées dans des oasis fertiles ou de riches vallées, sont plus abondamment nourries et

vation se rapporte plus particulièrement au cercle oriental des environs de Bassora, et à tous les chevaux des vallées admirables du Tigre et de l'Euphrate.

Les principaux caractères du cheval oriental de pur sang, sont l'idéal de la beauté la plus mâle et la plus énergique. La tête carrée, petite et sèche, se fait remarquer par la largeur du front et la disposition correspondante de ses ganaches qui sont fort écartées. L'œil est grand, d'une expression admirable d'intelligence. Le chanfrein légèrement creux. L'appareil respiratoire est protégé par des épaules longues, très-renversées, larges et bien musclées.

Les naseaux sont très-ouverts, et garnis de cartilages très-mobiles, les articulations sont nettes sèches et la peau si fine et si transparente, que l'on en devine les organes sous-jacents, l'harmonie générale de toutes leurs formes, de tous leurs détails est fort remarquable, les régions dorsales, lombaires, sont très-développés et quoique les muscles et les cordes tendineuses de ces animaux, ne se révèlent pas en station, comme chez le cheval anglais, ils n'en sont pas moins doués des plus hautes qualités comme fonds et comme prennent plus de développement. Cette obser-

vitesse [1]. Nous ne sommes certain d'avoir jamais vu qu'un seul de ces animaux, dont le prix s'était élevé à plus de 100,000 francs ; le Directeur du haras de Pompadour eut l'extrême obligence de nous informer de toutes les difficultés que l'on avait éprouvées pour se le procurer. Ce qui nous frappa surtout chez ce cheval, c'est son attitude somnolente en station. Mais aussitôt en mouvement, des saillies énormes se montraient aux épaules et sur la croupe, les membres rayonnaient de la puissance des muscles, les allures étaient tellement nerveuses qu'il ne semblait pas prendre d'appui sur le sol.

Depuis, nos rapports avec un vétérinaire des haras du vice-roi d'Egypte, et un autre officier de ses écuries, nous ont fournis les documents les plus intéressants sur cette race. Ces Messieurs ayant fait plusieurs voyages à la Mecque, et jusqu'aux limites de la Perse, afin d'acquérir des chevaux pour leur souverain, peuvent être considérés comme d'un excellent renseignement.

Les Pachas et les grands personnages de tout l'Orient, recherchent beaucoup pour monture

(1) Il faudrait des volumes entiers pour donner place à tout ce que l'on raconte de leur vigueur. Il est cependant constant que ces chevaux sont capables de faire 40 à 50 lieues, sans débrider, boire ni manger. Et que ces terribles épreuves n'ébranlent nullement leur nature.

les chevaux de l'Arabie centrale et les paient fort cher. L'acquisition de ces animaux se trouve donc encore compliquée pour les Européens, par une concurrence contre laquelle il est difficile de lutter. Ce que l'on ignore encore dans nos contrées, c'est que les animaux de l'Arabie centrale, connus génériquement sous le nom de Nedjd ou Nedjids sont élevés et et nourris avec des substances animales, ce ce qui peut contribuer à cette étonnante vigueur qui dépasse toute imagination. Les Bédouins leur donnent du lait de chameau mêlé à de la farine, des fruits, et de la viande réduite en poudre après cuisson, dont on forme une espèce de pâte, et qui est distribuée aux chevaux en nourriture ordinaire. Dans le cas de très-grande fatigue ils donnent du bouillon de viande, voire même de la viande à demi-cuite, autrement dit, saisie à l'anglaise.

M. Hamont père écrivait en 1843 que, chargé par Mehemet-Ali d'acquérir des étalons pour son haras de Choubrah, il parcourut toute l'Arabie et la Syrie, il vit à Hamah en Syrie, un certain pacha appelé Jacoub-Bey, qui faisait même manger de la viande crue par ses chevaux; et il ajoute: déjà plus d'un voyageur avant moi, ont signalé ce fait; du mélange des substances animales à la nourriture des chevaux du Nedjd. Sir Burck-Hareld, voyageur anglais, dans son *Voyage en Arabie*, page 526, dit: Les riches habitants du Nedjd, donnent souvent à leurs chevaux de la viande crue aussi bien que bouillie, avec tous les restes de leurs propres repas.

Je vais clore ici l'énoncé de ces faits qui m'éloignent de mon sujet, je les crois cependant remplis d'enseignements, dont l'avenir pourra tirer des expériences fort intéressantes. C'est un champ inexploré, où la science peut trouver matière à bien des études.

Nous terminerons donc; en disant, que très-peu de chevaux d'Orient sont venus en Europe. Que l'Arabie et les contrées qui l'avoisinent paraissent situées dans les conditions climatériques les plus heureuses, pour le plus grand développement des qualités morales et physiques de l'ordre le plus élevé chez le cheval.

Que les habitudes guerrières et nomades des peuples qui l'habitent, entretiennent encore cet état de choses. Qu'il découle de ces observations, que le cheval originaire de ces contrées s'y étant maintenu dans les conditions normales et premières de son organisation, peut être regardé comme le type le plus parfait et le plus pur de la terre, comme possédant en un mot, l'essence et la super-valeur inhérente à l'espèce, et que les autres races doivent venir se retremper à cette source. Il est prouvé également jusqu'à l'évidence, que plus il s'éloigne de son berceau, et plus il dégénère. Que cette dégénerescence se manifeste surtout par le plus grand développement des tissus et des os, d'où la taille élevée des races du nord, et leur peu de concentration organique.

Par la conséquence inverse, on a remarqué le rapetissement progressif, et les dispositions à la concentration dans les variétés des régions méridionales.

En profitant du développement naturel des formes, par l'influence de notre climat, nous pouvons donc, sans danger, nous servir en France du sang arabe pour y créer des types supérieurs, types destinés à retremper nos races les plus avancées, ou à les maintenir au niveau qu'elles ont acquises; tandis que la sélection serait insuffisante pour obtenir ce résultat. Nous développerons cette pensée dans la suite de ce travail. (1)

(1) La marche toujours croissante de la civilisation, nous donne de vives appréhensions sur les destinées du cheval oriental. Voici le canal de l'Isthme de Suez tout prêt à être ouvert à la navigation. La situation de cette contrée qui commande les Indes, n'échappera pas aux européens, qui y fonde-

Cheval de pur sang Anglais.

Le cheval de pur sang, représente le sang arabe dans toute sa pureté. Il y a trois cents ans environ, que les chevaux orientaux furent introduits en Angleterre. Pendant deux siècles, les anglais puisèrent constamment à la source première, et parvinrent, par leurs soins intelligents, à infuser le sang oriental dans leur race indigène, jusqu'à l'assimilation de toutes les propriétés exclusives du cheval oriental.

Depuis plus de cent ans, on ne suit plus le même système, et l'on a cru pouvoir abandonner la race à une sélection judicieuse. Par le fait, les principes constitutifs du sang anglais sont assez fixés dans la race, pour se sustenter pendant de longues générations. Mais, nous croyons qu'il serait dangereux de s'isoler du

ront de vastes établissements. Que deviendra le cheval arabe dans un centre de civilisation ? Un jour, certainement, la vapeur des locomotives roulera ses ondulations dans les steppes du désert, les mœurs y changeront comme ailleurs, et l'arabe bédouin comme le kabyle, abandonnera son coursier pour prendre des omnibus. Naguère, en Algérie, le cheval, seul, servait à tout déplacement Aujourd'hui, l'aspect de ce pays a tellement changé, que ce qu'on raconte, de ses anciennes mœurs guerrières et nomades, parait une charge au voyageur qui le juge d'après ce qu'il en voit. Les kabyles voyagent fort bien, de nos jours, en diligence. Le chameau perd aussi toute utilité, et sera remplacé, un jour, par les messageries impériales.

type primitif, au-delà d'un temps déterminé. La race anglaise est encore aujourd'hui ce qu'elle est depuis longtemps. Quoique l'hippodrome ait peut-être absorbé, en Angleterre, une trop grande quantité de jeunes sujets de pur sang.

Les propriétés de haute vitalité qu'elle tient du sang arabe n'ont pas failli. La puissance héréditaire montre toujours la même force chez l'étalon anglais. Les formes n'ont également subi d'autres modifications, que celles que le climat et l'éducation ont dû lui faire subir. Cependant, partant de ce principe, que l'on ne peut en matière hippique s'arrêter en chemin, sans danger de rétrograder, il me paraît indispensable de recourir au cheval oriental, ne fût-ce que pour la création ou l'entretien des types supérieurs de l'espèce. Le cheval de pur sang anglais, possède avec l'arabe, cette heureuse qualité de se répéter dans tous les climats, et en dehors de toutes les influences, semblable à lui-même, sans laisser percer le moindre affaiblissement dans ses produits.

Le mode d'opérer, en Angleterre, en matière de reproduction, diffère beaucoup du nôtre. Sur les cinq variétés principales de la race anglaise, deux seulement possèdent le sang. Le cheval anglais, proprement dit, ou type de course, seul héritier du sang arabe, et les chevaux dits hunters, ou de demi sang, qui sont issus de l'étalon de pur sang, avec des juments appartenant aux races indigènes, Cleveland-Bay, Yorkshire, ou Norfolk. Ou bien encore du même étalon, et d'une poulinière ayant déjà reçu du sang, et appartenant à l'une de ces diverses variétés. Hors de là, les autres races anglaises se reproduisent par sélection. On peut cependant s'attacher à cette conviction, que le sang qui a pénétré, à doses plus ou moins considérables, dans les variétés précitées, est le seul agent qui ait perfectionné ces sous-races.

Le carrossier si remarquable du Yorkshire, forme une branche de la race carrossière du Cleveland-Bay, variété affinée par le sang, et beaucoup plus rapprochée de lui, que le tronc dont elle est sortie. Les Norfolk ont aussi fort souvent demandé de nouvelles forces vitales aux hunters, et ceux-ci, eux-mêmes, sont constamment entretenus par le sang.

Par cette progression, le principe du sang à des degrès différents, a tout fertilisé, tout fait germer dans les espèces légères de la Grande-Bretagne. Les variétés qui paraissent n'avoir jamais été infusées de sang, sont celles dites: races Clydesdale et Black-Horse ou race Noire. Les deux familles ne produisent, toutes deux, que des chevaux de trait. Ceux de la race Noire, surtout, se font remarquer par leur haute stature, leurs forces herculéennes et l'harmonie générale de leur conformation. (1) On les dit aussi d'une très-grande force. Ces animaux n'ont jamais été introduits en France, où l'abondance des espèces de trait n'a jamais fait défaut. Quant à la race Clydesdale, elle produit des animaux très-vigoureux, tirant à une allure plus rapide que nos chevaux de trait.

Cette race n'a pas de type correspondant en France, elle est grande de 1^{m} 67 environ, bien étoffée, la tête est un peu longue et commune, mais l'ensemble reste excellent. Il y a surtout du corps et de la branche. Quelques-uns trottent fort bien. Elle s'entretient par une sélection très-attentive, et passe pour ne jamais avoir reçu de sang (2). Je passe sous silence les Poneys, les Galloways, les Sulfolks-punch et Cabs du pays de Galles. Toutes petites familles peu nombreuses, et qui n'ont qu'une très-médiocre importance au point de vue général de la reproduction.

(1) Quelques-uns de ces animaux atteignent en hauteur de 2 mètres 10 centimètres du garrot à terre. La moyenne est de 18 paumes anglaises, (1 mètre 80 environ).

(2) Il est vrai que la généralité des individus a été isolée du contact du sang, cependant quelques croisements dans ce sens auraient eu lieu et n'auraient pas réussi. Aussi les éleveurs des bords de la Clyde auraient-ils renoncé à modifier la race dans ce sens. Ce groupe est très-estimé en Angleterre pour les travaux de la culture surtout.

Les Norfolk trotteurs.

Cette race mérite ici une mention toute particulière. Généralement élevée dans les comtés d'York et de Norfolk elle a acquis une réputation très-justement méritée comme fournissant des trotteurs remarquables par leur force, leur vitesse et leur fonds. Cette variété présente beaucoup plus d'étoffe que les races ordinaires de la Grande-Bretagne. Elle est propre à tous les services, et employée à la chasse, à l'attelage, et enfin aux travaux de l'agriculture. Les formes de ces chevaux varient du plus au moins selon le degré du sang qu'ils possèdent, car il y a lieu de remarquer que ce groupe est appelé par les uns une race pure, par d'autres une variété.

Enfin, quelques économistes le considèrent comme des individualités isolées, répandues çà et là, mais n'ayant ni berceau, ni les éléments constitutifs d'une race proprement dite. Quoi qu'il en soit, ses caractères généraux sont : taille moyenne, tête carrée et courte, front très-large, oreille également courte, ganache un peu forte, encolure droite, courte et très-vigoureusement musclée, épaule longue, poitrine profonde, large et haute, avant-main très-accentuée, dos, reins, croupe également larges, beaucoup de brièveté dans l'attache, les proportions de l'arrière-main répondant parfaitement aux parties de l'avant-main qui lui sont correspondantes, membres courts, trapus, articulations larges et sèchement liées. Sans être beau, ce cheval respire l'énergie, n'exige que peu de soins et comment qu'on l'emploie, il rend une grande somme de services. La rusticité de sa nature permet de lui imposer des travaux très-pénibles sans qu'il en soit affecté.

Quelques-uns de ces animaux se rapprochent davantage du sang, ce qui dépend du degré de race chez leurs ascendants; mais ils paraissent s'être isolés d'une dose d'infusion trop considérable, et ceux qui présentent de la taille et de la finesse sont très-rares.

Cheval de pur sang anglo-arabe.

Cette famille date de quinze années environ, elle prit naissance au haras de Pompapour; l'administration de ce haras éprouvant les plus grandes difficultés pour l'emploi du sang anglais, qui ne répondait pas constamment aux exigences de la race indigène. D'un autre côté, l'étalon arabe n'étant pas toujours assez étoffé pour donner de l'ampleur à une espèce déjà trop affinée. On eût recours a cette combinaison, qui, en réunissant dans un même être toutes les propriétés du sang et de la race, donnait un produit d'une aptitude plus grande. Ce nouveau groupe s'annonça si heureusement, qu'un grand nombre de ces sujets furent choisis comme étalons, et réussirent à souhait comme reproducteurs.

La famille anglo-arabe ne fut cependant amenée au point de perfection qui constitue une race, à vraiment parler, qu'après quatre générations. A ce degré, elle peut se répéter elle-même. Cette habile combinaison, dont le bon sens, seul, prouve l'excellence, a sauvé les provinces du Midi d'une ruine certaine. Son emploi généralisé eût pu servir de base à presque toute la France. M. Eug. Gayot, ancien directeur de l'administration des Haras, et dont les soins éclairés ont contribué à la constitution de ce type nouveau, que l'on pourrait appeler avec raison double pur-sang; (1) nous donne la progression algébrique des quantités respectives de sang anglais et arabe qui ont concouru à former cette famille remarquable.

(1) En effet, car ce croisement ne peut être considéré comme un métissage puisque les deux éléments présentent le principe de sang dans toute sa puissance morale, physique et héréditaire, c'est à proprement dire une alliance épurée entre sujets de premier choix.

Le point de départ fut, à la première génération, la jument anglaise et l'étalon arabe.

1re Génération. — Mère anglaise = 1 + Étalon arabe = 1 donnent $\frac{2}{2}$ = P soit arabe, 50, anglais 50 = 100.

2e Génération. — Mère anglo-arabe, Étalon anglais. P' soit arabe, 25, anglais, 75 = 100.

3e Génération. — Mère anglo-arabe, Étalon anglo-arabe. P'' soit arabe, 25, anglais, 75 = 100.

4e Génération. — Mère anglo-arabe, Étalon arabe, né en France. P''' soit arabe, 625, anglais, 375 = 1,000.

Ainsi, le sang arabe entrait dans cette race pour les deux tiers environ, contre un tiers de sang anglais. En renversant ces proportions, les qualités ne paraissent pas s'affaiblir, mais la taille était un peu inférieure, le fonds restait le même, le corps était peut-être un peu plus aplati.

Eh bien, à ce degré, la nouvelle race est entrée comme le dit le même auteur dans son deuxième âge, c'est-à-dire qu'elle possédait toutes les propriétés constitutives d'une race de sang, apte à se répéter elle-même, et à transmettre sous toutes les influences climatériques ou éducatives, sa puissance héréditaire à sa postérité. Elle était destinée alors à devenir le type d'amélioration de toutes les races du Midi.

Dans le Centre on la préférait de beaucoup au pur sang anglais dont elle réunissait tous les avantages, sans en avoir les inconvénients. Il est fâcheux que ces animaux ne se soient pas répandus dans une grande proportion. Ils étaient destinés à rendre les plus grands services, car ils n'ont jamais failli à leur mission.

Carrossier léger, le cheval anglo-arabe s'est répété partout dans ce sens, et l'ampleur et la bonne conformation de ses produits ont toujours été remarquables. Bref, nous pensons que ce groupe forme à lui seul l'ensemble des plus hautes qualités à demander à nos chevaux de service.

Il peut, dans tous les cas, être considéré comme un type supérieur, et à ce dernier point de vue, sa production et sa conservation ne saurait trop être encouragée. La difficulté de se procurer des étalons de sang arabe de premier choix avait inspiré, en 1851, à M. Gayot, l'excellente pensée de créer, à Scutari, en Asie, un établissement d'élevage d'étalons arabes de pur sang.

Créé sur des terres concédées par le Sultan, ce haras eût été peuplé, et incessamment remonté par les soins d'un agent capable, qui aurait eu pour mission de parcourir tout l'Orient, de visiter et de fréquenter les tribus possédant les familles les plus renommées et d'acheter toutes les supériorités.

Ces étalons eussent été réunis à Scutari où les poulinières auraient donné des produits et les poulains y auraient été élevés à l'européenne. De là un courant permanent se serait établi avec la France. Nos dépôts d'étalons eussent été bientôt dotés d'étalons arabes corpulents, grands, bien doués à tous égards, aptes enfin à se reproduire dans les fortes dimensions imposées par la nécessité au cheval léger de l'époque actuelle. Des difficultés administratives s'opposèrent à ce projet qui portait en lui l'avenir de nos races. C'est un bien grand malheur, à tous égards, qu'il en ait été ainsi.

La tribu arabe de haut lignage que possédait le haras de Pompadour, était insuffisante pour la propagation du type anglo-arabe. Aussi ces chevaux sont-ils fort rares aujourd'hui, et bien au-dessous des besoins qu'ils seraient appelés à satisfaire. C'est une lacune que l'administration ne saurait laisser subsister.

Conséquences de ces croisements.

Les effets du croisement opéré par ces trois catégories distinctes du sang, ont donné lieu à des résultats très-nombreux, dont un petit nombre seulement s'est recommandé par le succès.

Nous ne parlerons pas ici du sang anglo-arabe, dont l'usage fréquent dans le midi et le centre de la France ne s'est jamais étendu aux races du Nord. Nous nous bornerons à faire observer qu'en rapprochant les espèces communes du sang, on retrempe leurs facultés morales et physiques, que celles-ci réagissent sur les qualités, dans une proportion très-faible, il est vrai, à la première génération, mais qu'il est possible de régir assez exactement, pour obtenir la somme de qualités recherchées, ou pour modifier celles déjà acquises.

C'est en procédant ainsi que les animaux appartenant aux grosses espèces, sont susceptibles d'être appropriés à tel ou tel ordre de besoins, auxquels ils fussent restés inhabiles sans le secours du sang. Nous avons vu que le sang arabe présentait au premier chef une disposition inexpansive, et que ce principe se développait sous son influence parmi les races auxquelles il était allié. Que tout en augmentant la dose de la force musculaire, et de la vitesse et du fond, ce résultat se manifestait par une diminution du volume des organes, que cette prérogative utile et inséparable des espèces nobles, ne pourrait sans inconvénient être étendue aux variétés chevalines destinées aux services usuels. Comme conséquence de ce qui précède, la création de types supérieurs, destinés à n'exercer leur action que sur les individualités les plus parfaites de nos races, devient d'une impérieuse nécessité.

Tout ce qui vient d'être dit du cheval arabe de pur sang peut s'appliquer à son congénère, le cheval anglais de pur sang. Ce dernier, plus élevé et développé que son congénère, n'en apporte pas moins à sa postérité le même germe de concentration, qui peut devenir un obstacle au développement suffisant de l'organisation et la rendre moins apte à nos besoins usuels. Nous ferons observer néanmoins que cette concentration identique dans son principe, puisque la même cause reconnait le même effet, se manifeste par des caractères qui lui sont propres.

Ainsi, l'arabe concentre en affectant la forme

cylindrique. Le fils d'arabe a le tronc arrondi, les côtes et le ventre se noient un peu dans la croupe qui est également ronde, l'encolure est un peu renflée latéralement, les épaules légèrement arrondies, les membres rappellent aussi la même disposition. L'anglais, au contraire, affecte la forme aplatie, donne en général des côtes plus longues, des hanches saillantes, une croupe tranchante, des fesses évidées, la région sous-lombaire est plus tranchée d'avec la croupe, ce qui donne au cheval l'apparence efflanquée; l'encolure semble d'autant plus aplatie qu'elle est plus longue, les épaules sont tellement sèches que les aspérités osseuses et les muscles de la couche superficielle font souvent saillie, les cuisses et les avant-bras reproduisent aussi les mêmes caractères.

Comme reproducteur, il est plus facile à acquérir que le cheval arabe, il ne présente pas les mêmes difficultés d'acclimatation, et possède les mêmes éléments constitutifs, qui, quoique modifiés, ne sont pas altérés.

L'introduction du cheval anglais a toujours été fort fréquente, et nous resterons son tributaire, jusqu'à ce qu'il se soit reproduit sur notre sol dans une plus grande proportion.

Le jour, qui n'est pas éloigné peut-être, où il en sera ainsi, il conviendra de discerner les poulinières de cette race les plus remarquables, de les allier avec des chevaux arabes de pur sang, appartenant aux meilleures familles de l'Orient. Les produits qui en résulteront seront distribués comme étalons là où le besoin s'en fera sentir.

Types supérieurs. — Application pratique.

Dans aucun cas, la saillie des étalons appartenant à l'État et stationnant aux dépôts de l'administration des Haras ne saurait être autorisée en faveur des juments qu'une commission dont nous donnerons plus loin la composition n'aurait pas désignées ; en sorte que l'étalon destiné aux races usuelles serait toujours la propriété de l'industrie privée. Les produits nés des types supérieurs et des juments cités plus haut seraient, à moins de défectuosités, destinés à la reproduction.

Dans les provinces où la population chevaline est très-près du sang, comme en Normandie, par exemple, on créerait un établissement destiné à fournir des types supérieurs à tout le nord de la France. Ces animaux ne devraient être livrés qu'aux juments desquelles on pourrait à l'avance attendre un succès complet. L'administration des Haras remplirait ce mandat, sans rien changer à son budget, à son personnel, ni à l'organisation de ses établissements. Par ce nouveau mode d'opération, il naîtrait des types supérieurs, une grande quantité de produits de choix à l'aide desquels l'industrie privée subviendrait aux besoins des localités, et lui fournirait le nombre et l'espèce d'étalons appropriés à chaque contrée. Ainsi, par exemple, pour une population très-améliorée, on entretiendrait au dépôt central des animaux de pur sang ou trois quarts sang.

Comme on entend par population améliorée la présence du demi - sang chez la presque totalité des individus, on obtiendrait du premier choix des poulinières de la circonscription, un nombre de poulains de demi-sang et de trois quarts de sang assez considérable pour y trouver tous les éléments nécessaires à l'entretien de la race de la contrée. Ce système aurait encore l'immense avantage de n'employer pour reproducteurs que des sujets que les éleveurs auraient vu naître parmi eux, et dont ils connaîtraient les antécédents ainsi que ceux de leurs ascendants.

La presque totalité des étalons appartiendraient au pays, le prix que représenterait leur valeur ne sortirait pas du centre de leur production, et encouragerait à en refaire d'autres.

Tout le monde y gagnerait, l'Etat d'abord, parce qu'il ne peut satisfaire à la fois à toutes les réclamations, et que ses efforts restent souvent stériles, par l'influence de circonstances locales, indépendantes de son action. Cette mesure donnerait, en outre, un très-grand essor à la production.

Il est vraiment déplorable que des animaux d'une grande valeur, appartenant à l'administration des Haras, n'aient quelquefois laissé aucune trace de leur passage dans un pays, parce qu'ils n'y étaient alliés qu'avec des poulinières indignes d'eux, et que, pour la somme de 25 francs, tout un chacun a le droit de se faire inscrire et d'en user pour son argent.

Dans d'autres centres d'élevage et avec le système que nous proposons, ils eussent produit dans leur carrière cent étalons peut-être qui eussent d'autant amélioré nos races indigènes.

L'Etat y trouvera encore ce grand avantage de n'être obligé d'entretenir que des étalons d'une qualité supérieure, que les ressources privées seraient incapables d'acquérir et dont le nombre serait naturellement fort restreint. L'industrie privée, maîtresse du champ, saura bien maintenir et comprendre ses intérêts ; la production s'opérera dans des conditions normales et satisfaisantes de tout point.

Dans les contrées dont la race est retardée dans son développement, ou très-avilie par un abandon de longue date, l'entrepôt central n'entretiendrait que des demi-sang très-corsés et d'une valeur éprouvée (1). Ces animaux à la première génération ne donneraient que des 1/4 de sang, qui seraient progressivement amenés aux proportions du cheval carrossier, très-fort et très-puissant, trait d'union entre les races carrossières et celles destinées à la culture. Dans ce département, par exemple, où les poulinières distinguées ne sont que de rares individualités, on a déjà opéré avec des demi-sang anglo-normands, se recommandant par leur force et leur développement musculaires, sur des juments de l'espèce la plus commune. On a obtenu, néanmoins, des produits qui ont souvent répété les allures du père, tout en conservant la défectueuse conformation de la mère. C'est déjà un pas en avant; et bien, en supposant que ce produit soit allié au sang dont il possède déjà quelques parties éparses çà et là dans son organisation, vous régulariserez encore cette nature en travail d'enfantement, et vous obtiendrez donc un produit qui

(1) Dans ce dernier cas, on comprendra facilement que tout étant relatif, par exemple, pour le département de l'Aisne, le type supérieur ne saurait dépasser le demi-sang, la nature de la plupart des poulinières ne présentant que des défauts à corriger, et le concours de la mère restant nul, pour aider l'action améliloratrice de l'étalon.

réunira à des formes plus légères, un système nerveux plus puissant, et les qualités morales, qui lui sont intimement liées, prendront un plus grand développement.

Vous retrouverez en énergie, ce que vous aurez perdu en force d'inertie, si l'on peut se servir de cette expression, pour désigner l'animal dont les fonctions s'opèrent plutôt par la loi de la pesanteur, que par les effets d'un système d'innervation bien équilibré.

Arrivé à ce degré d'amélioration, on s'arrêtera si on le juge convenable, et il sera facile d'obtenir mieux, en rapprochant encore la race du sang, ou de l'entretenir quelques années par une sélection attentive, qui fera choix des mâles améliorés les plus parfaits. En effet, l'Etat entretenant ses types supérieurs relativement aux éléments de chaque contrée, vous aurez toujours à votre porte des demi-sang pour vous créer des 1/4 de sang. Quand un certain nombre de juments de cette nature existeront déjà, vous les rapprocherez par le même croisement, ce qui vous donnera des 3/8e de sang (1).

(*) Le cheval amélioré jusqu'au 3/8e de sang atteindra la limite la plus convenable, pour répondre à tous les services. Assez léger et rapide pour un tirage accéléré, il lui restera assez de force et de rusticité pour de gros travaux. Nous pensons qu'il faudrait amener la race indigène à ce degré d'amélioration, mais qu'il n'y aurait aucun avantage à le dépasser, sauf dans les conditions exceptionnelles qui ne peuvent convenir à la culture, et à ceux qui veulent des chevaux auxquels ils puissent beaucoup demander.

L'Etat vous fournira quelques 3/4 de sang pour élever dans une proportion limitée quelques sujets de choix, ou demi-sang complet.

Considéré d'une manière absolue, le demi-sang anglais est un très-bon améliorateur, qui répond à tous les besoins, et dont la conformation présente toutes les aptitudes exigées de nos jours chez le cheval actuel. En supposant qu'il n'aie pas assez de branche pour les travaux de l'agriculture, on évitera cet inconvénient en généralisant le type courant de la population du pays au 1/4 de sang.

On trouvera dans ce degré le double avantage de pouvoir par une seule génération acquérir le 3/8e de sang ou le 1/2 sang à volonté, soit par l'usage de l'étalon demi-sang dans le premier cas, soit par celui de 3/4 de sang dans le second.

Le cheval ainsi amélioré restera dans une condition d'élasticité telle, si je puis me servir de cette expression, qu'il sera possible de le fixer à ce degré, ou de l'améliorer en une seule génération. Il ne faudrait donc pas plus de temps pour renouveler toute la population chevaline de ce pays, et l'amener à un degré d'amélioration énorme, que pour obtenir de misérables produits sans forme, qui ne peuvent acquérir aucune valeur hors du centre de leur production, et que pour cela l'on consomme sur place. Dans un pays aussi riche que ce département, où la paille et l'avoine sont abondants et de bonne qualité, où la race indigène est gros mangeur, et où chaque poulain consomme beaucoup de matière chez celui qui l'élève, il serait facile, en modifiant le régime alimentaire dans le sens du développement musculaire, d'atteindre à des animaux de très-grande valeur usuelle. Le jour où il en serait ainsi le commerce et le luxe sauront bien les trouver.

Nous avons en outre la conviction que ce mode d'élevage ne constituerait pas d'excédant de dépense sur le système actuel. On obtiendrait des poulains qui, à conditions égales, vaudraient un tiers de plus que ceux d'aujourd'hui. Nous allons le prouver

(Voir le Tableau à la page suivante).

MODE ACTUEL

Année	Ration	Prix	Soit par jour	Total
1re Année 8 mois.	8 mois de nourriture à la ration suivante.	0f 00c	Soit par jour 1f65c	Pour 8 mois 402f00c
	6 lit. Avoine à 18 fr. en moyenne les 2 hectolitres.	0 54		
	7 k. 500 de Trèfle ou Luzerne à 24 fr. en moyenne.	0 36		
	12 k. 500 de Paille, 30 fr. id.	0 75		
2e Année complète.	4 Lit. Avoine à 18 fr.	0f 36c	Soit pour 1 jour 1f56c	Pour l'année 569f40c
	25 Livres Trèfle à 24 fr.	0 60		
	20 id. Paille à 30 fr.	0 60		
3e Année 6 mois.	4 Lit. Avoine à 18 fr.	0f 36c	Soit pour 1 jour 1f56c	Pour 6 mois 284f70c
	25 Livres Trèfle à 24 fr.	0 60		
	20 id. Paille à 30 fr.	0 60		
	Total.			1,256f10c

Sur cette somme il y a lieu de diminuer la paille qui retourne au fumier.	1re Année 180f00c 2e Année 219 00 3e Année 109 50	508f50c	508f50c
Total.		Reste.	747f60c
A laquelle somme il faut ajouter, pour médicaments. .			12 50
Chance de mortalité réduite à 10 %			76 01
Prix de revient 30 mois. . . .			836f11c

MODE PROPOSÉ

Année	Période	Ration	Prix	Soit par jour	Total
1re Année.	de 4 à 8 mois	4 Lit. Avoine à 18 fr.	0f 36c	Soit pour 1 jour 1f12c	Pour 4 mois 134f40c
		1 kil. Son à 16 fr.	0 16		
		10 id. Paille à 30 fr.	0 60		
	de 8 à 12 mois.	5 Lit. Avoine	0f 45c	Soit pour 1 jour 1f41c	Pour 4 mois 169f20c
		1 kil. 500 gr. Son	0 24		
		10 id. Paille	0 60		
		2 id. 500 gr. Fourrage. . .	0 12		
2e Année.	de 12 à 18 mois.	6 Lit. Avoine	0f 54c	Soit pour 1 jour 1f58c	Pour 6 mois 284f40c
		2 kil. Son	0 32		
		10 id. Paille	0 60		
		2 id. 500 gr. Fourrage. . .	0 12		
	de 18 à 24 mois.	7 Lit. Avoine	0f 63c	Soit pour 1 jour 1f73c	Pour 6 mois 311f40c
		2 kil. Son	0 32		
		10 id. Paille	0 60		
		3 id. 500 gr. Fourrage. . .	0 18		
3e Année.	de 24 à 30 mois.	8 Lit. Avoine	0f 72c	Soit pour 1 jour 1f88c	Pour 6 mois 338f40c
		2 kil. Son	0 32		
		10 id. Paille	0 60		
		3 id Fourrage	0 24		
		Total.			1,287f80c

Sur cette somme il y lieu de diminuer la Paille.	1re Année 144f00c 2e Année 219 00 3e Année 109 50	472f50c	472f50c
		Reste	815f30c
A laquelle somme il faut ajouter, pour médicaments. .			12 50
Chance de mortalité à 10 %.			81 53
Prix de revient			909f33c

Il en résulte qu'à 30 mois, âge auquel le poulain peut gagner sa nourriture, lorsqu'il a été soumis au premier de ces deux régimes, il revient à 836 fr. dans le 1er cas, et à 909 fr. 53 c. dans le second, ce qui constituerait pour ce second mode d'élevage une perte de 73 fr. 22 c.; mais nous ferons observer que, d'abord, le prix des substances alimentaires a été calculé au taux le plus cher, et que l'animal élevé par le premier système ne vaut pas à 30 mois ce qu'il a coûté, tandis que celui élevé par le mode proposé, le vaudra toujours et même au delà. En supposant le cas de baisse des denrées, le premier atteindra encore à peine le prix de revient, et la valeur du second restant la même, le bénéfice sera égal à la différence de valeur respective de ces animaux. Il y a donc avantage à faire de bons chevaux. Le poulain de grosse espèce présente toujours, à l'âge dont nous parlons, une conformation lourde et épaisse. Le ventre est avalé, au delà de toute expression; les flancs comme conséquence sont aplatis et flageolants, la croupe est aplatie à sa partie supérieure, le rein est mal attaché, et, on le concevra facilement, puisque le poids énorme des viscères abdominaux sous l'influence d'une lourde et difficile digestion et d'une assimilation presque nulle, tend toujours à s'abaisser, et que cette disposition ne saurait être corrigée par la résistance des muscles de la région lombaire, dont la mollesse est extrême.

Il est inutile, du reste, de pousser plus loin les preuves d'un fait qui se démontre lui-même au premier coup-d'œil. Le cheval de labour, nous le répétons, n'atteindra jamais de valeur, soit dans le centre de sa production, soit sur les marchés étrangers. Il consomme beaucoup, il coûte relativement fort cher à élever, et sauf quelques très-rares exceptions, ne se vend jamais ce qu'il a coûté. Le cheval du type que nous proposons, présenterait à 30 mois des conditions bien différentes. Propre au tirage accéléré, au carrosse, aux divers besoins qui s'y rattachent, comme voitures de commerce, etc., etc., il sera d'une défaite facile et lucrative, ou rendra les meilleurs services si l'on préfère le conserver.

Sa constitution, loin de présenter un aspect mou et lymphatique, flattera par son harmonie et l'air de vigueur et de santé qui se manifestera partout. L'animal sera bien roulé dans son ensemble, le dos, le reins et la croupe seront courts et dans de bonnes proportions. Les côtes et les flancs bien retroussés, sans être levrettés toutefois, les membres secs et toutes les parties bien agencées entre elles.

Quelle différence ce serait, et pour le service et tout ce qu'on pourrait demander à d'aussi bons chevaux. Quand une fois il serait démontré qu'on est dans la bonne voie et que le succès serait constant, tout le monde voudrait en faire et la cause serait gagnée.

Mais il en coûte tant de quitter ses habitudes, qu'il me paraît difficile de rendre à l'élève du cheval dans ce département tout l'essor dont il est susceptible. Ce résultat ne pourra s'obtenir si quelques-uns ne se dévouent pas à l'intérêt général en prenant eux-mêmes l'initiative.

Leur exemple sera bientôt suivi ; et partout nous entrerons dans une ère nouvelle, couronnée par la prospérité et les avantages lucratifs qu'elle amènera infailliblement.

Castration.

Une commission établie au chef-lieu de chaque arrondissement, et qui serait composée des éleveurs les plus honorables, des hommes éclairés de tout le ressort, d'un vétérinaire et d'un officier des Haras, passerait, chaque année, une inspection judicieuse des juments saillies par les étalons de type supérieur, appartenant au dépôt central. Ces juments, suivies de leurs poulains, seraient soumises à cette exhibition au mois de septembre ou d'octobre de chaque année, afin que le développement des jeunes poulains soit assez sensible pour que la commission puisse les apprécier. Ceux nés l'année précédente seraient également représentés à la commission qui déciderait ceux qu'il y aurait lieu de conserver entiers, les autres devraient être castrés avant les opérations de l'année suivante (1).

A dix-huit mois la constitution de ces jeunes animaux n'en serait pas ébranlée, et quoique la castration réussisse encore mieux dans le premier âge, il faudrait, pendant quelques années, compter avec la nécessité et la retarder jusqu'à l'époque que nous indiquons. Au surplus, il n'existe encore aucun danger jusqu'à cet âge, et leur castration pourrait être avancée d'une année, le jour où la quantité de juments distinguées serait assez considérable pour répondre largement à tous les besoins de reproducteurs de 3/8e de sang ou de demi-sang.

Un système de primes annuelles, organisées relativement aux ressources disponibles, serait attribué aux poulains entiers les plus remarquables. Ces encouragements aideraient le culti-

(1) Les poulains conservés entiers deviendraient plus tard les étalons que nous désirons voir se répandre dans la contrée. Il y a tout lieu de croire que, pratiquant sur une grande échelle, on obtiendrait d'aussi bons résultats que les 3/8e de sang ou les demi-sang médiocres que l'industrie privée a souvent acquis en Normandie, sans en connaître les précédents et où la bonne foi des acquéreurs a souvent été trompée.

vateur à mener à bien une nature d'élite et produirait le meilleur effet.

A diverses époques de l'année, le Sous-Préfet de chaque arrondissement s'entendrait avec le président de la Commission à l'effet de nommer un délégué qui inspecterait à domicile les animaux soumis à la surveillance de l'administration, et s'assurerait de la salubrité des écuries, du mode d'élevage, etc., etc. Les éducateurs qui auraient le plus complètement réussi seraient l'objet de médailles et mentions honorables instituées à cet effet.

Dans un pays où l'agriculture est aussi perfectionnée que dans le nôtre, où les méthodes les plus parfaites sont partout adoptées, où, enfin, les lumières et l'expérience se rencontrent fréquemment, il est bien fâcheux que la question qui nous occupe soit reléguée au dernier rang, surtout lorsque tous les éléments nécessaires pour la faire prospérer se trouvent si heureusement réunis.

Le prix que l'on porte souvent en Normandie, et surtout chez les marchands de chevaux de Caen, servirait à faire dans la contrée, au moins trois chevaux qui vaudraient ceux que l'on y va chercher, et en supposant qu'ils ne pussent pas tous, par la suite, être élevés au choix d'étalons, ils n'en resteraient pas moins de fort bons chevaux. Prenons les choses au pis, et acceptons un instant que, sur la totalité des sujets conservés entiers, un tiers ou un quart reste seulement susceptible de recevoir cette destination à l'âge de 5 ans. Ce serait encore un bénéfice pour le pays qui n'en vend pas un seul.

La vente d'un de ces animaux compenserait largement l'insuccès des autres, qui conserveraient, du reste, leur valeur marchande comme chevaux de service. Les opérations de la Commission s'étendraient à tout ce qui, administrativement, pourrait présenter une utilité reconnue au progrès de la race; elle distribuerait des primes aux meilleures poulinières et aux meilleurs poulains de l'un et de l'autre sexe, nés des juments désignées pour le dépôt central; elle prendrait l'initiative de tout ce qui serait nécessaire par la nature des circonstances prévues ou imprévues; son attention devrait se porter tout particulièrement sur le développement et l'extension de l'élevage de l'étalon de 1/4 de sang.

On s'étonnera peut-être que nous n'ayons pas encore trouvé de place pour les chevaux de gros trait, appartenant aux races Boulonnaises, Cauchoises, Percheronnes, etc., etc. Nous sommes certain de heurter l'opinion générale à cet endroit en exprimant ici notre conviction ; mais cependant, il faut trouver le courage de la soutenir, et nous en expliquer franchement.

Les quelques considérations que contient ce petit travail, sont pour nous le résultat d'une sérieuse observation fondée sur un principe, un dogme véritable pour nous en matière hippique. Nous avons exposé comme quoi le sang sagement décomposé selon les circonstances était la source de toute amélioration.

Cette manière d'envisager la question n'est pas l'effet d'un engouement irréfléchi ou une redite banale de tout ce que l'on a dit et écrit à ce sujet jusqu'à présent. Nous ne supposons même pas avoir présenté notre pensée sous une forme qui soit inapplicable en pratique.

Nous croyons au sang comme d'autres croient à la matière ; le lecteur appréciera notre opinion. Partant de ce principe, disons-nous, les races nées d'un état social transitoire, se sont élevées à la faveur de certaines circonstances qui, venant à changer elles-mêmes, les précipiteront à leur suite.

En effet, pendant les quelques années qui précédèrent l'installation des voies ferrées, le commerce ayant pris un énorme développement, les chevaux de gros trait devinrent nécessaires à ses transactions.

Tous les soins possibles furent apportés à sa production ; on réussit, et ils se vendaient fort bien. C'est sous l'influence de cet état de choses que la race Boulonnaise et sa cousine germaine la race Cauchoise, se sont développées et ont été amenées au point de perfection où on les remarque aujourd'hui. Fort gros, trapu, bien ramassé, l'ensemble de ce cheval plaît à l'œil, ses qualités sont incontestables dans sa spécialité.

Mais je ne vois aucun avantage à l'employer comme reproducteur, à moins toutefois de vouloir le répéter exclusivement, et l'opportunité n'en est pas démontrée.

C'est un excellent objet de consommation, un animal répondant de tous points à l'objet pour lequel il est fabriqué. Mais dépourvu de tout principe constitutif, il ne pourra se répéter avec avantage dans la postérité. Ce fait s'appuie sur cet autre, tant de fois observé et déjà cité plus haut, qu'il manque de sang et ne peut améliorer dans le sens désirable.

Cette grosse espèce ne présente, du reste, de qualité à rechercher que pour le camionnage ou le gros trait, sur le pavé de nos grandes villes; elle a pour correspondante la race noire en Angleterre. Que peut-on espérer du gros cheval boulonnais et de la jument ardennaise ou picarde? Un produit qui n'aura ni la masse qui fait le prix du premier, ni les qualités qu'un reproducteur plus léger et mieux trempé aurait pu lui ingérer. Les travaux de la culture n'exigent pas un aussi grand poids, ni une si forte charpente.

Notre critique n'attaque pas les chevaux boulonnais en eux-mêmes, mais l'opportunité, dont nous reconnaissons tout le mérite, de leur confier l'amélioration de notre pays. Nous conclurons par notre raisonnement ordinaire en disant une dernière fois que, dépourvu de sang, il ne saurait en communiquer à ses produits, et qu'on ne peut attendre aucun progrès d'une alliance isolée de la source vivifiante.

La même observation pourrait s'appliquer à la généralité des Percherons; cependant elle ne peut être prise dans une acception absolue, car ces derniers ont reçu du sang à diverses reprises.

Le cheval trotteur du Norfolk a fait merveille dans le Perche. Mais avant de nous avancer davantage, examinons un peu l'origine du Percheron.

Quand pour désigner cette race si utile, du reste, on se sert de l'expression (de pure race percheronne), on commet une hérésie. Laissons la parole à M. Gayot, qui s'est beaucoup occupé de ce groupe et qui a puissamment contribué à lui conserver les qualités qui font notre admiration :

« Nous voilà, dit-il, en face d'une grande renommée, d'une illustration sans seconde, il n'est point d'hippologue moderne qui n'ait payé son tribut d'éloges aux Percherons et à la race percheronne. Réputation usurpée et sur laquelle la lumière sera bientôt faite. Au commencement du siècle le Perche ne possédait qu'une population chevaline rare et médiocre, l'origine de celle dont on a tant parlé ne remonterait pas au-delà de 1810, et elle aurait eu pour point de départ la rencontre un peu fortuite sur un terrain neutre des races de trait de la Bretagne et de diverses variétés de l'importante famille boulonnaise.

» Les produits soumis à un système d'élevage tout spécial et aux influences naturelles de la localité se seraient façonnés d'après un mode nouveau et auraient pris le nom de Percherons justifié, d'abord pour les caractères qui leur étaient devenus propres. Avant de s'adonner aussi à la culture du cheval, l'habitant du Perche se servait à peu près exclusivement de bœufs pour les travaux de la culture.

» La consommation toujours croissante du cheval de trait, ayant créé un intérêt toujours plus grand à se produire, celui-ci prit peu à peu la place de l'autre, dont la population a rapidement baissé ; tandis que celle du cheval allait en se multipliant d'une manière inverse.

» De toutes nos races de trait, celle ci est la plus récente, elle est née sous l'influence d'un besoin, dont elle est devenue la plus haute expression au temps de la plus grande activité du service des postes et des messageries. Ce n'est pas un produit, en quelque sorte, spontané du sol et du climat, mais une influence, création des circonstances sortie de la main de l'homme, sous l'influence favorable pourtant du sol. »

On l'a dite, même, si indépendante du climat, qu'un éleveur du Perche, M. Desvaux-Lousier, cultivateur et éducateur habile, non moins que grand partisan du cheval percheron, déclare que les soins donnés à cette race datent du décret de 1806, portant fondation du dépôt d'étalons de Blois ; il la regarde comme l'expression d'un besoin; il la dit faite par la main de l'homme, non par le sol ou le climat dont elle est tellement indépendante, ajoute-t-il, *qu'avec un terrain clos et du son, il pourrait s'engager à faire le cheval percheron, partout, même en plein Limousin.*

La race percheronne est, comme on le voit, de récente formation. C'est littéralement un produit artificiel ou factice, et non point un type susceptible de se reproduire ailleurs, avec ses formes, les traits distinctifs de sa nature et tous ses mérites.

M. Guinet aîné, vétérinaire et marchand de chevaux, à Lyon, qui semble s'être livré tout spécialement à l'étude de la reproduction des chevaux de race commune, a déposé, dans un article très-court, accueilli par le *Journal de Médecine vétérinaire*, tome V, page 68, des idées appuyées sur l'expérience, et qui confirment, à tous égards, les nôtres.

« Le Percheron, dit M. Guinet, représente le principe unique du développement de la matière, c'est-à-dire des tissus solides, musculaires et osseux.

» Si le croisement des Percherons avec des juments étrangères à sa race, avait produit quelque part une sous-race qui transmit ses caractères, sauf les variantes inséparables du mélange du sang, nous nous prononcerions peut-être en sa faveur pour le propager ; mais dans quelle contrée, autre que l'ancienne province du Perche, qui lui a donné son nom, trouvera-t-on des types *sui generis*, dignes de sa renommée et capables de se perpétuer. Ces types n'existent qu'au berceau de la race, ils ne s'y maintiennent que par la constance des influences de localité, d'alimentation, d'hygiène, etc., etc. Dès qu'on les exporte, leur nature se débilite et le germe héréditaire s'affaiblit.

» Alors ce type devient incapable de modifier les errements d'une race abâtardie ; il est évident qu'il reproduit toujours la matière animale vivante plus ou moins imparfaite, parce que l'auteur de toutes choses veut que l'œuvre de sa création se perpétue ; mais le principe rénovateur qui active la vie et la transmet hiérarchiquement aux descendants s'est presque éteint, dans la race percheronne, par l'absence du sang primitif, qui seul imprime aux organes leur caractère de perfection et leur puissance. »

Pas plus que le cheval percheron, le Boulonnais ne possède le principe de vitalité, qui est inhérent à la faculté de se répéter dans l'acte générateur. Ce sont de bons serviteurs dans leur spécialité respective, des animaux dont on peut attendre de très-bons et vaillants services, mais on ferait fausse voie, si l'on nourrissait l'espérance de les reproduire dans ce département, avec même une partie très-faible de leurs qualités.

Au surplus, même dans cette hypothèse, on s'éloignerait encore du but, puisque les éléments de l'actualité sont la taille et la vitesse jointes à une figure relative à la destination.

Nous croyons, et nous le répétons encore, l'avenir hippique du département nous parait attaché à la condition de niveler le type de l'espèce aux proportions du très fort carrossier. Puisse donc notre conviction, s'appuyant sur des faits et sur l'autorité de plusieurs auteurs, concourir à détruire quelques préjugés.

Nous nous estimerons très-heureux, si ce petit travail peut obtenir le suffrage de nos lecteurs. Nous aurions pu entourer encore notre conviction, par un exposé de faits plus nombreux. Mais, le temps nous manque, et la nécessité de nous renfermer dans les considérations qui précèdent, devient impérieuse. Pour rendre plus concevable l'application du principe régénérateur du sang, il a fallu remonter jusqu'à son origine, ce qui nous a peut-être éloigné du sujet pratique. Quoi qu'il en soit, nous espérons que la pensée qui nous a dicté ces quelques pages, trouvera un accueil favorable auprès des hommes éclairés du pays; pour lesquels son opportunité deviendra plus appréciable. Dans toutes les questions qui, de nos jours, sont entrées dans la voie du progrès, on est constamment parti d'un principe fondamental.

Dans les sciences physiques, par exemple, telle substance dont les propriétés vénéneuses constituent un poison dangereux, se convertira, sous l'action d'une décomposition, en un baume utile. Il en est de même de l'influence du sang sur les animaux. Nous ajouterons un dernier mot, en recommandant le système d'amélioration que nous proposons à tous ceux qui, par leur influence dans les affaires publiques ou agricoles, peuvent concourir à son application.

---

plus considérable qu'il [illegible]
[illegible]
[illegible] qui [illegible]
[illegible] qu'il [illegible]
que le [illegible]
[illegible]
[illegible]
[illegible]
[illegible]
[illegible] dans la [illegible]
[illegible]
[illegible]

Dans les [illegible]
[illegible]
[illegible]
[illegible]
[illegible]
[illegible]
[illegible]
[illegible]
[illegible]
[illegible] pouvant [illegible]
[illegible]

POST-SCRIPTUM.

Nous avons à peine trouvé le temps de nous relire et de nous faire imprimer. Nos lecteurs réserveront donc leur indulgence pour les fautes typographiques, conséquences d'une précipitation de travail inusitée.

Saint-Quentin. — Typographie de Jules MOUREAU.

.../pod-product-compliance
UK Ltd.
...es, MK11 3LW, UK
.../26
...100003B/1318